U0111431

小跳豆
Jumping Bean
健康常識系列 3

小心啊！好好護理外傷

新雅文化事業有限公司
www.sunya.com.hk

小跳豆健康常識系列 ③

小心啊！好好護理外傷

作　　者：新雅編輯室
封　　面：張思婷
繪　　圖：郝敏棋
顧　　問：許嫣（病理學專科醫生）
責任編輯：潘曉華
美術設計：張思婷
出　　版：新雅文化事業有限公司
香港英皇道 499 號北角工業大廈 18 樓
電話：(852) 2138 7998
傳真：(852) 2597 4003
網址：http://www.sunya.com.hk
電郵：marketing@sunya.com.hk
發　　行：香港聯合書刊物流有限公司
香港荃灣德士古道 220-248 號荃灣工業中心 16 樓
電話：(852) 2150 2100
傳真：(852) 2407 3062
電郵：info@suplogistics.com.hk
印　　刷：中華商務彩色印刷有限公司
香港新界大埔汀麗路 36 號
版　　次：二〇二二年十二月初版

ISBN: 978-962-08-8125-1

18/F, North Point Industrial Building, 499 King's Road, Hong Kong
Published in Hong Kong SAR, China
Printed in China

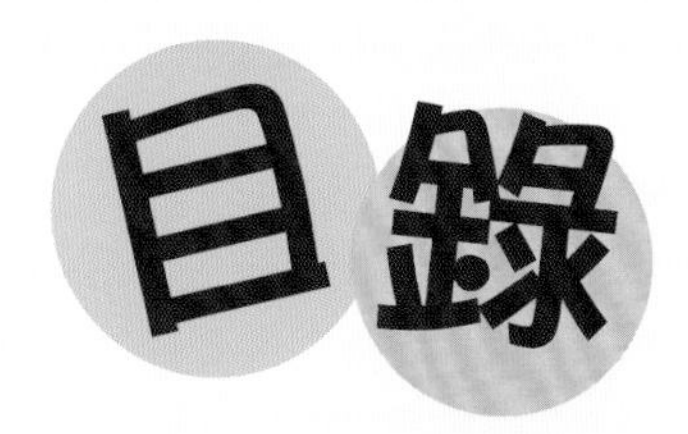

目錄

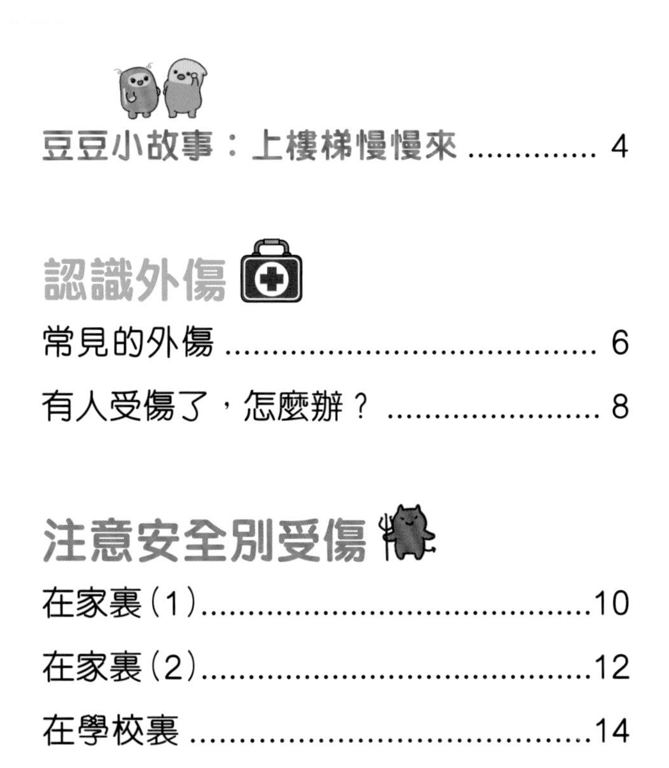

豆豆小故事

上樓梯慢慢來

好吧，那你要小心呀！
媽媽，我長大了。你牽妹妹就好，讓我自己上樓梯吧！

放學了，豆媽媽到學校接跳跳豆和糖糖豆回家。

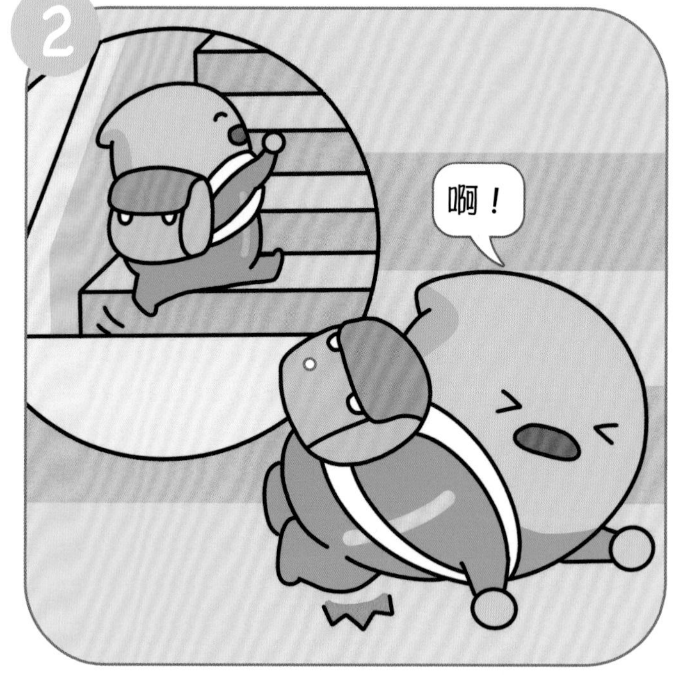
啊！

跳跳豆走得太快，跌倒了，擦傷了皮膚。

生理鹽水

3
跳跳豆，不用怕，媽媽先幫你清潔傷口，可能會有點痛。
哥哥，我幫你貼膠布。

跳跳豆勇敢地忍着眼淚，讓媽媽清潔傷口。

4
哥哥，膠布貼好了，傷口很快就會好的。
謝謝你，糖糖豆。

經過今次後，跳跳豆記住了：走路或上落樓梯時要一步一步慢慢走。如果受傷了，就要先清潔傷口內的污物，以免傷口發炎。

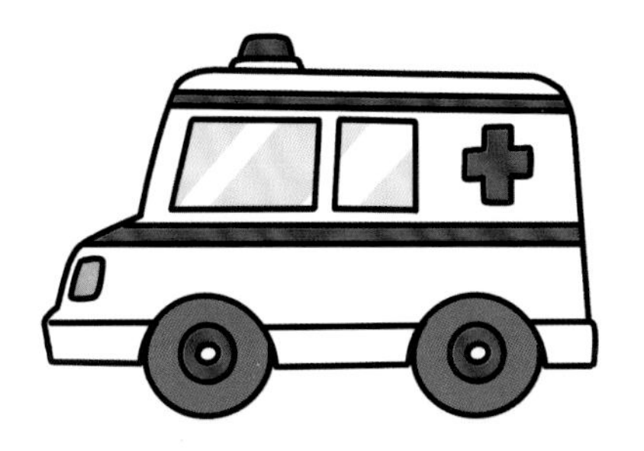

常見的外傷

小朋友，在日常生活中，如果一不小心，就可能會令自己受傷。到底通常是什麼原因引致受傷呢？不同的受傷原因會令傷口有什麼不同嗎？

擦傷：當我們跌倒或撞到時，皮膚會因為遭到磨擦而令表皮破損，還會有輕微的流血和感到痛楚。

割傷：被鋒利的剪刀或水果刀割到，傷口形狀像一條線，會流血，還有可能傷及肌腱。

刺傷：被針、釘子、竹籤等尖鋭物件刺穿皮膚，傷口看起來像一個小孔。

我是小紅豆，喜歡做勞作。告訴大家一個小秘密，紙張邊緣很鋒利，一不小心就會被割傷啊！

我脆脆豆好奇心強，喜歡東碰碰、西摸摸，但一定會注意安全，因為有些外傷會帶來嚴重後果，例如刺傷眼睛可能引致失明、嚴重燒傷可能引致死亡。

燙傷和燒傷：燙傷是由熱水、熱茶、熱油等灼熱的液體造成，而燒傷一般由火焰造成。兩種都是由高溫熱力對人體皮膚造成損傷，傷口有時候會出現水泡。

抓傷：家中寵物的爪子、我們的指甲等，都可以劃破皮膚，造成抓痕。抓痕較淺的話，一般等它自然脫痂就可以。

瘀傷：當受到猛烈撞擊，或被重物砸到時，皮膚雖然沒有破損，但可能會出現瘀血和腫塊。

小朋友，讓我博士豆告訴你吧，有些傷是看不見的，例如腦震盪。如果你撞傷頭部後感到頭暈，或是出現嘔吐、視力模糊等任何不適的症狀，都要儘快告訴大人，他們會帶你去看醫生。

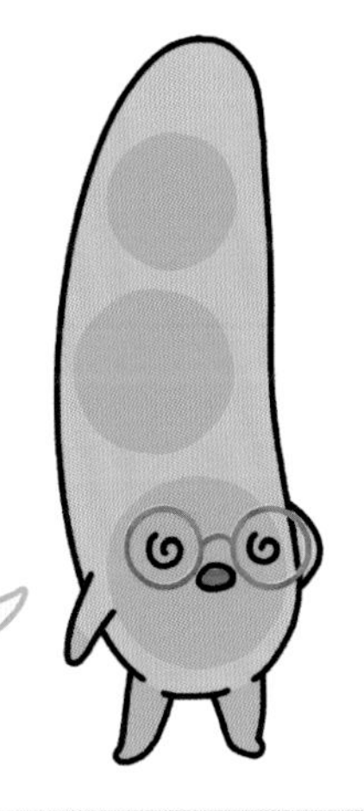

認識外傷

有人受傷了，怎麼辦？

小朋友，如果遇見有人受傷了，要怎麼辦呢？請看看下圖小男孩的行為，一起來學習正確的做法吧！

媽媽，為什麼我們要穿這麼多東西在身上？真不方便。
這些裝備可以幫助我們避免受傷，都是好東西。

頭盔：防止頭部正前方、後方及兩側受傷。

護肘：保護手肘，以免擦傷、撞傷。

護膝：防止膝蓋擦傷、撞傷。

手套：防滑，防止手部磨損、減緩疲勞。

見到別人跌倒時……

你有沒有受傷？

如果只是輕微擦傷，請把對方扶起來。

不過，如果出現右面情況，
就要小心處理了。

呀……
很痛，很痛！

媽媽，有人受傷了，你快來看看。

如果跌倒的人很痛，可能是受了嚴重的傷，要趕快請大人來幫忙。

別怕，我扶你起來吧！

如果跌倒的人大叫很痛，可能是傷得比較重，請不要胡亂移動她。可請大人致電 999 求援，由救護車送她到醫院去。

哥哥，我們要記住爸爸媽媽的電話號碼，如果有事發生，就打電話向他們求助。

糖糖豆，如果受了嚴重的傷，就不要亂動。感到害怕的話就做深吸呼，會讓你放鬆下來。

在家裏（1）

小朋友，原來家裏不同的角落都隱藏着可能導致受傷的危機。請仔細觀察下面各圖，一起把躲在家裏的「危險大魔王」找出來，在他們身上畫 X。

1
我要靜悄悄的，讓爸爸嚇一跳。
嘿嘿，小朋友，我也要靜悄的，讓你嚇一跳。

狠心的門縫： 手指不要放在門縫裏，以免被夾傷。

2
好急呀！我要上廁所！
來來來，快踏到我身上吧！

混亂的通道： 玩具和圖書要收好，以免把人絆倒。

3
快站起來吧！我在等着你呢！
哒㖫——
哒㖫——！

討厭的尖角： 桌子、櫃子、窗子等都有尖角，撞到了會受傷啊！

看見小朋友們受傷，真難過！大家要注意安全啊！

小鳥，你要飛到哪裏去？
再爬出來一點，快碰到我了，呵！呵！

危險的窗口：
不要攀爬窗戶，掉下來會受傷的！

對！再站高一點吧！

高傲的櫃子：要拿取放在高處的東西，必須告訴大人，不然東西掉下來會砸到自己，還可能會跌倒呢！

快把碎片扔掉吧！媽媽就不會知道。

殘忍的易碎品：不小心打破東西後，不要用手去撿碎片，會割傷流血。誠實地認錯，請家中大人幫忙清理吧。

小朋友，別因為在家裏就掉以輕心，我皮皮豆知道，每年兒童在家居發生意外的數目可不少啊！

答案：1.門縫1個、2.圖書和積木後共有2個、3.窗邊尖角1個、4.大廈外1個、5.櫃頂1個、6.碎片堆旁1個

在家裏（2）

廚房裏非常危險，很多東西都不可以隨便碰。小朋友，一起來擔任「安全大使」，把下圖裏面有危險的地方都圈起來，並試試說出危險的原因吧！

小朋友，如果你對煮食感興趣，可以像我胖胖豆一樣，請爸爸媽媽安排親子煮食活動啊！

參考答案：

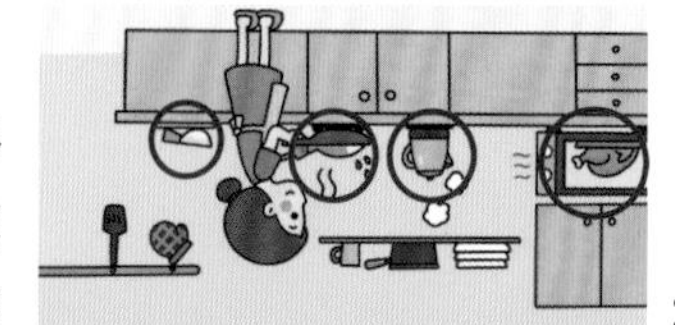

煮食爐、水煲和焗爐：正在煮食和燒水，高溫的煮食器具和濺出的油可能引致燒傷或燙傷、刀：不小心使用的話，可能引致割傷。

小朋友，有些家居意外其實是可以避免的。請根據以下的圖畫，試試說出正確的做法，避免小朋友們受傷吧。

一分鐘前，哥哥在浴室裏玩水槍……
1
2
好燙呀！
嘻嘻……
我是哈哈豆，洗澡時喜歡帶上心愛的玩具，沐浴後就會把它放回原有位置。如果隨處亂放，可能會把人絆倒或弄傷呢。

參考答案：1. 弄濕的地方要自己清理乾淨或請大人一起清理、2. 請大人幫忙倒熱水。

注意安全別受傷

在學校裏

下面的小朋友做了什麼危險行為導致受傷呢？請選出正確的做法，在◯內加✔，錯誤的加✖。

1

力力豆提提你：滑滑梯，要等待。
等待別人滑完走開，再滑下來。

2

糖糖豆提提你：上落樓梯，不要急。
握緊扶手，慢慢走。

3
脆脆豆提提你：在走廊，勿推撞。
對面有人要禮讓，以免相撞受傷。
4
小紅豆提提你：垃圾勿亂拋。
一張紙也可以令人滑倒受傷。

答案：左面的圖是✗，右面的圖是✓

在商場裏

你試過跟爸爸媽媽逛商場嗎？一起看看下面的逛商場路線圖，找出注意安全的好行為情景圖，並將該圖旁邊的☆塗上你喜歡的顏色吧！

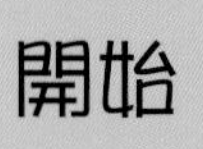

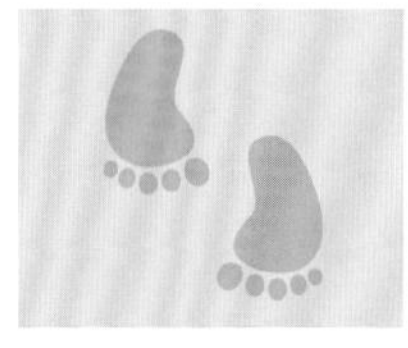

開始

4 請大人幫忙拿取高處的東西。

3 先讓別人走出升降機，再走進去。

1 站近梯級邊緣。

2 別人走出升降機時，幫忙按着開門鍵。

如果在商場買了好玩的東西，也不要一邊走路一邊玩。要注意看路，以免跌倒啊！

結束

8

在商場裏，不亂跑。

7

外出時拉着大人的手。

5

按下
按下開門

沒有等自動門完全打開，便跑過去。

6

自行拿取高處的東西。

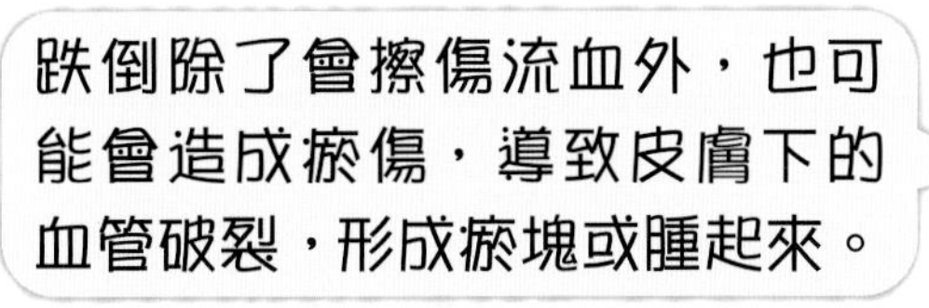

跌倒除了會擦傷流血外，也可能會造成瘀傷，導致皮膚下的血管破裂，形成瘀塊或腫起來。

答案：2、3、4、7、8

注意安全別受傷

乘搭交通工具

在交通工具上，要乖乖地坐在座位上。沒有座位時，也要緊握扶手站穩。以下哪些行為是乘搭交通工具時應該做的呢？請將👍塗上你喜歡的顏色。

1

搭電車時把手伸到窗外。

我皮皮豆沒有乖乖聽話，在車上到處走動，結果跌倒受傷了，真痛！

2

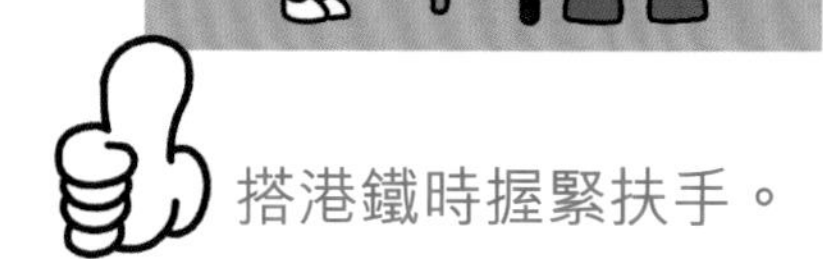

搭港鐵時握緊扶手。

3

搭船時沒留在自己的座位，到處走動。

4

乘車時繫緊安全帶。

答案：2、4

過馬路

「馬路如虎口」，怎樣才能減少因交通意外而受傷呢？小朋友，以下各種安全過馬路的行為你們做得到嗎？做得到的，請加✔。

1

☐ 紅燈停，等綠燈亮起才過馬路。

2

☐ 綠燈閃動，表示快要轉紅燈。行人要耐心等待下一次綠燈。

3

☐ 過馬路時要緊緊牽着大人的手。

4

☐ 過馬路時左看看、右看看，注意路面是否安全。

注意安全別受傷

在沙灘上

下面的小朋友在沙灘做了一些容易導致受傷的行為，請你趕快讓豆豆們提醒他們，把正確的選項編號填在 ☐ 內。

1
2
3
4
我要獨個兒游到最遠的地方！

A. 要在淺水處跟大人在一起。

B. 貝殼會刺傷皮膚，應穿上沙灘鞋。

C. 別揉眼睛！沙粒會磨損角膜，影響視力。

D. 皮膚快被太陽曬傷，要塗上防曬乳

答案：1.B、2.C、3.D、4.A

在郊外

到郊外登高遠足，有些道路凹凸不平，小朋友要聽從大人指示勿亂跑。我們一起來看看如何避開危險，過一個愉快的郊遊時光吧！

出發前除了塗防曬乳外，還要戴上太陽眼鏡，防止紫外線的傷害。

不要亂碰植物或追趕動物。遇到有趣的動物、植物可以先拍照，回家再研究。

爬山登高是消耗能量的活動，要經常補充水分。

博士豆，為什麼郊遊要噴防蚊液和戴防蚊帶？
脆脆豆，因為郊外蚊蟲特別多，皮膚被螫傷了會引起瘙癢、刺痛，還會腫脹，所以要小心保護。

護理傷口小秘訣

簡單的護理（1）

小朋友，如果只是輕微擦傷或割傷的話，家中大人可以幫我們簡單處理傷口。到底他們會怎樣做呢？

1

大人先清洗自己雙手。

2

檢查傷口是否有異物。

3
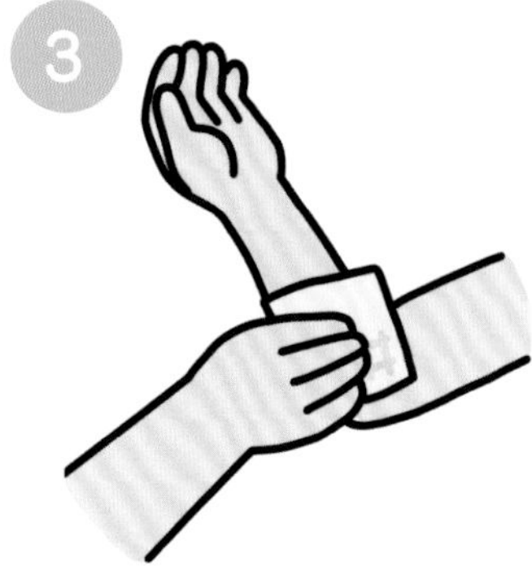

用紗布按壓傷口止血。

4

生理鹽水

在消毒棉花球沾上生理鹽水，從內向外清潔傷口。也可用緩慢流動的自來水、溫水，或是蒸餾水沖洗傷口，再用肥皂水清洗傷口周圍。

5

用消毒過的紗布或清潔的紙巾拍乾傷口。

6

貼上膠布，或敷上敷料後用繃帶或紗布包紮。

哥哥，有傷口要貼膠布，很快就會好的！

貼在手指上的膠布，很容易鬆脫，要怎麼做呢？

為手指貼膠布的小秘訣

1

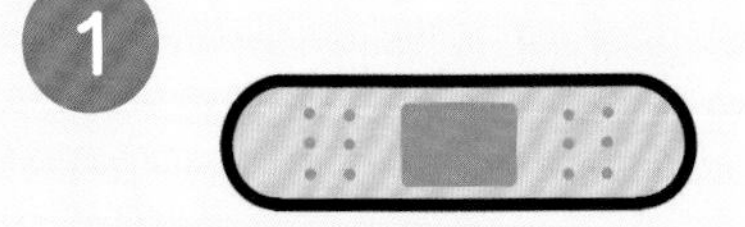

2

提示：要使用消毒了的剪刀。

3

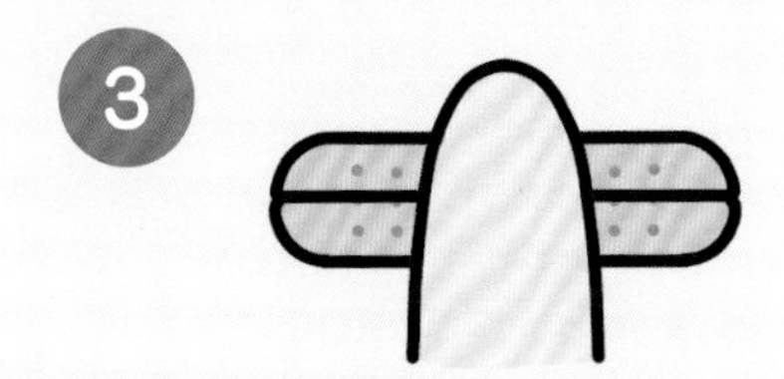

4

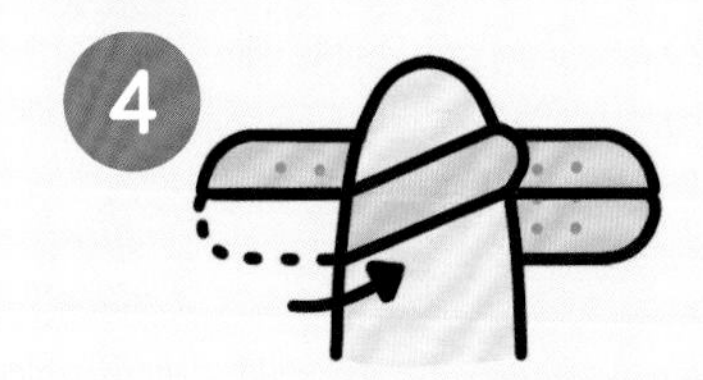

5

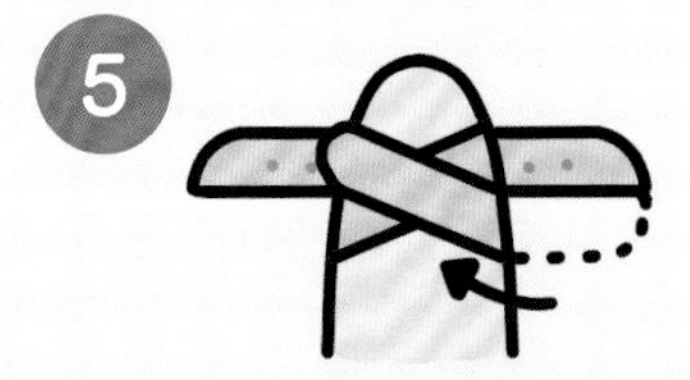

6

小朋友，清潔傷口時可能會產生疼痛感。大家要勇敢一點啊！

護理傷口小秘訣

簡單的護理（2）

燙傷和燒傷也是常見的意外，這些傷會對皮膚造成什麼傷害呢？大人又會如何幫我們處理傷口呢？

被燙傷和燒傷的皮膚會發紅、輕微腫脹，感覺疼痛。稍微嚴重的話，還會出現水泡。

如果燙傷或燒傷了，要立刻離開有高溫危險的地方，並告訴大人。

接觸到滾熱的水、滾熱的湯、火、高温蒸氣等等，都是常見會導致燙傷和燒傷的原因。

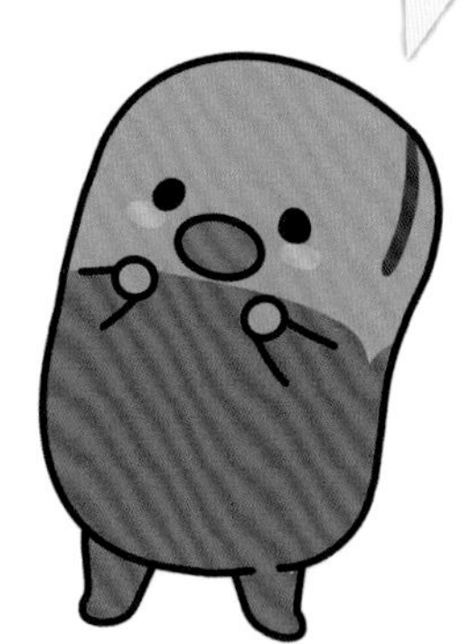

使用室温水沖洗傷口。

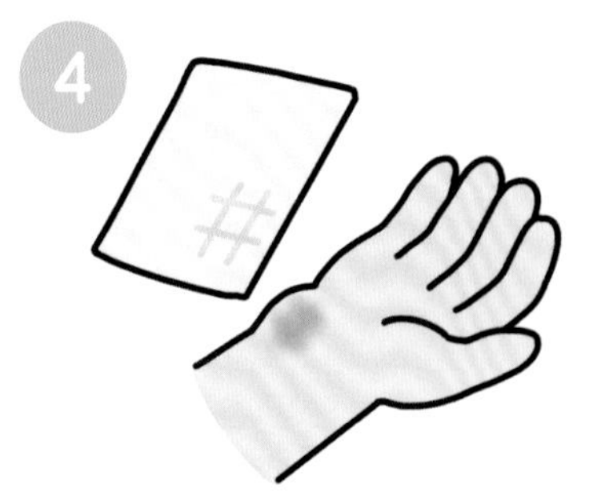

用消毒敷料遮蓋傷口，然後蓋上乾淨的紗布。

如果傷及的範圍較大或傷勢較重，就要馬上送院就醫。

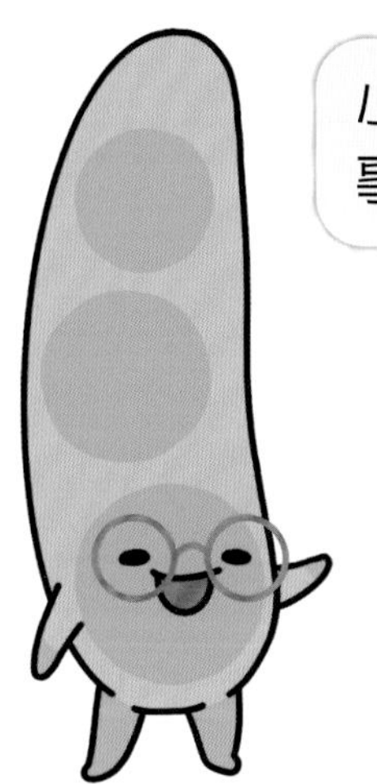

小朋友，護理傷口時也有注意事項，一起來看看吧。

燙傷或燒傷位置如果出現水泡，千萬不要把它弄破，以免使傷口受感染。

燙傷或燒傷，千萬不要用冰水沖洗或者用冰敷傷口，這樣可能會對皮膚造成進一步的傷害。

除了每天更換膠布，不小心弄濕或弄髒了，也要立即更換膠布，以免傷口受細菌感染。

傷口快好時，表面會結痂，千萬不要亂抓或把它撕掉，這樣可能會流血，造成再次受傷。

護理傷口小秘訣

急救藥箱裏有什麼？

小朋友，無論是家裏還是學校裏，都會常備急救藥箱，裏面到底擺放了什麼東西呢？

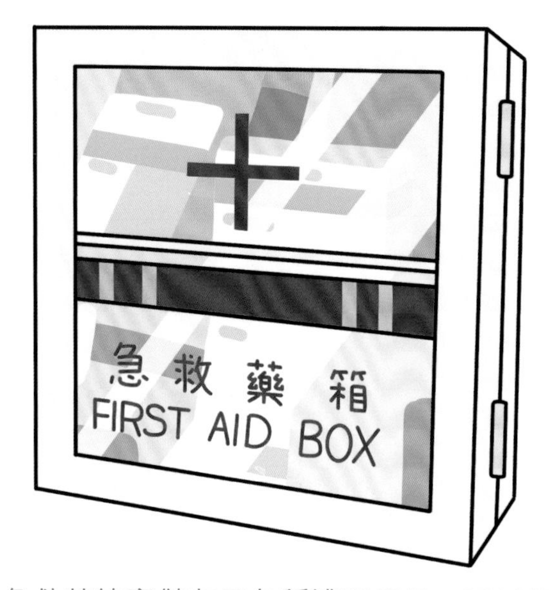
急救藥箱
FIRST AID BOX

急救藥箱裏儲存了各種護理用品，可以用來處理受傷程度輕微的傷口，又可以為重傷者在等待醫療救援時提供協助，防止傷口惡化。

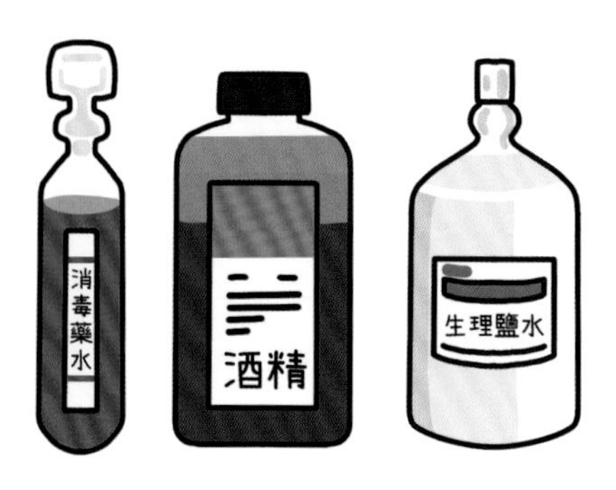
消毒藥水
酒精
生理鹽水

消毒藥水：用來消毒皮膚。

消毒棉花球：用來沾消毒藥水清洗傷口。

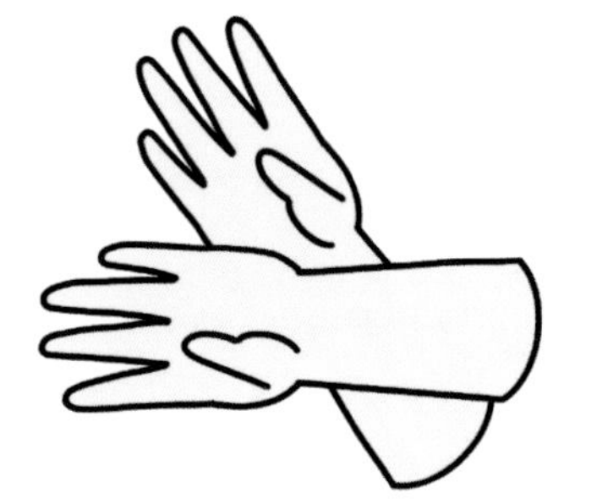

即棄膠手套：避免急救者雙手直接觸碰傷者的血液和體液。

急救藥箱是在緊急關頭使用的，要放在方便大人迅速拿取，但小朋友不容易碰到的地方。

紗布：用來覆蓋傷口，幫助止血和防止傷口受感染。

學校範圍很大，所以會在不同的地方，例如教務處、音樂室等設置急救箱，讓教職員在緊急時可以迅速找出所需的護理物品。

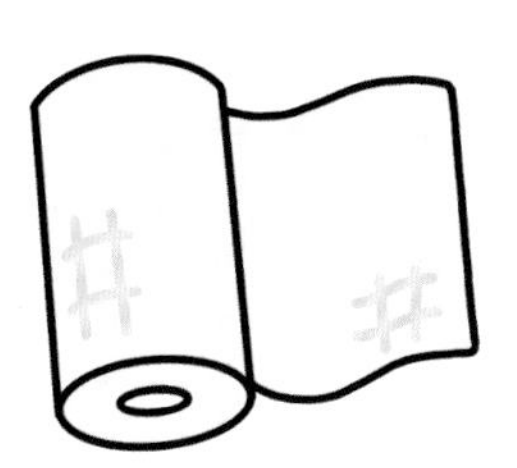

繃帶：用來固定敷料、止血。

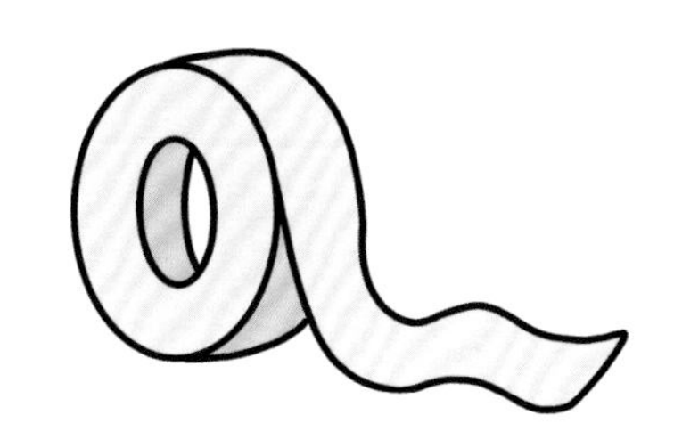

醫生膠布：用來固定繃帶、紗布位置。

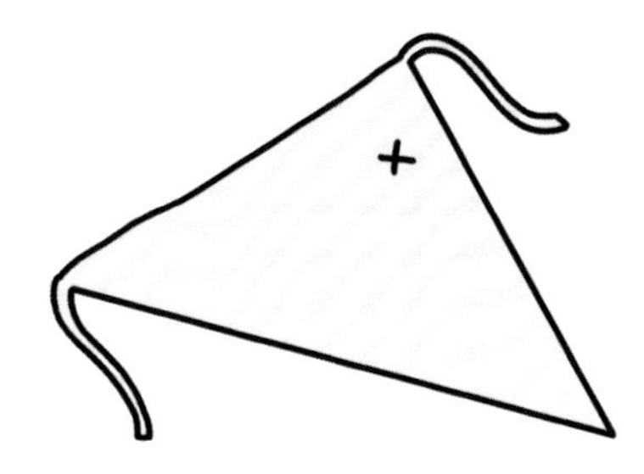

三角巾：用來包紮及固定手部或足部。

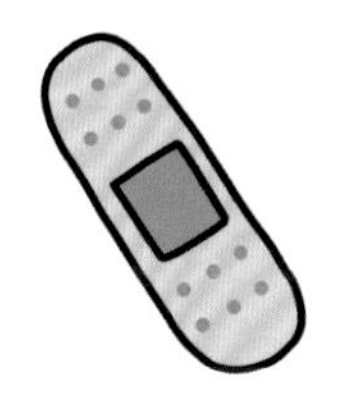

藥水膠布：貼在小傷口上協助止血及防止傷口受感染。

安全別針：扣緊繃帶或三角巾。

剪刀：用來剪斷繃帶、紗布，也可以剪開覆蓋着傷口的衣物。

鑷子：用來夾取棉花、敷料，還可以鉗去嵌在傷口的異物。

護理傷口小秘訣

看醫生要怎樣做？

小朋友，以下都是去看醫生時需要注意的事，來跟豆豆們學習如何回答醫生的問題吧！

糖糖豆，你有什麼不舒服？
我的手很痛，還有小水泡。今天早上倒熱水時，水灑到手上了。
皮皮豆，有什麼蟲子咬了你的腿嗎？
早上被蜜蜂刺了一下就紅腫起來，而且很痛。

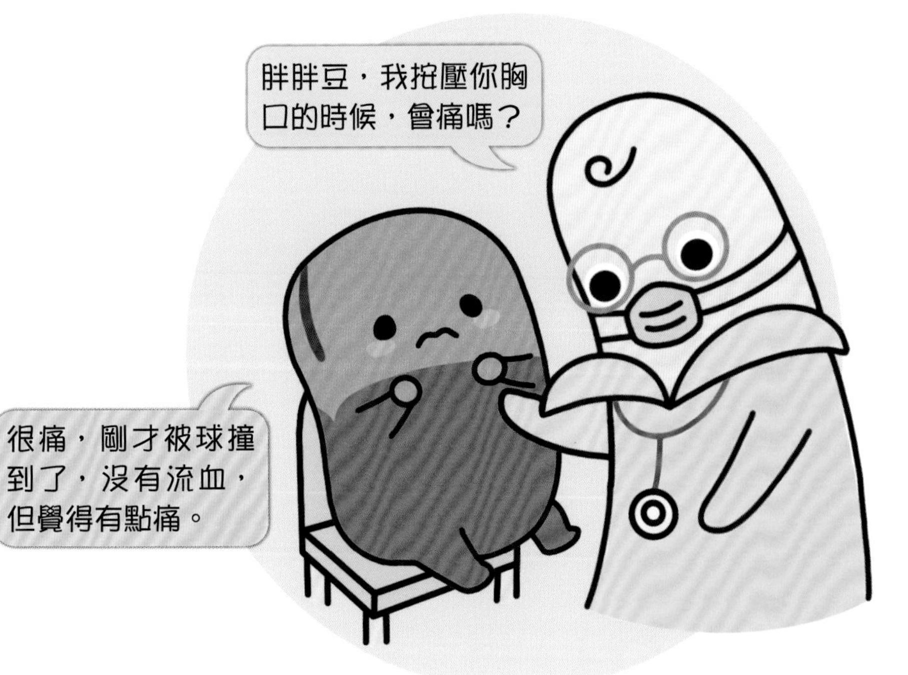
胖胖豆，我按壓你胸口的時候，會痛嗎？
很痛，剛才被球撞到了，沒有流血，但覺得有點痛。

小朋友好棒啊！雖然感到疼痛，但是仍然保持鎮定向醫生說明受傷情況，真是勇敢的孩子。

小朋友，看醫生時，請嘗試把疼痛程度、怎樣受傷和受傷時間告訴醫生。如果是敏感或是被蚊蟲咬傷，請把自己碰過什麼、做過什麼和吃過什麼都告訴醫生。

護理傷口小秘訣

送去醫院會怎樣？

一旦出現流血不止、極大痛楚等比較嚴重的傷，就要趕緊到醫院治療。從高處墮下、受到重物撞擊，可能會造成骨折或頭部受傷，這些傷從外表不一定看得出來，所以也要到醫院做深入的檢查。小朋友，一起來了解一下醫護人員會幫我們做些什麼吧！

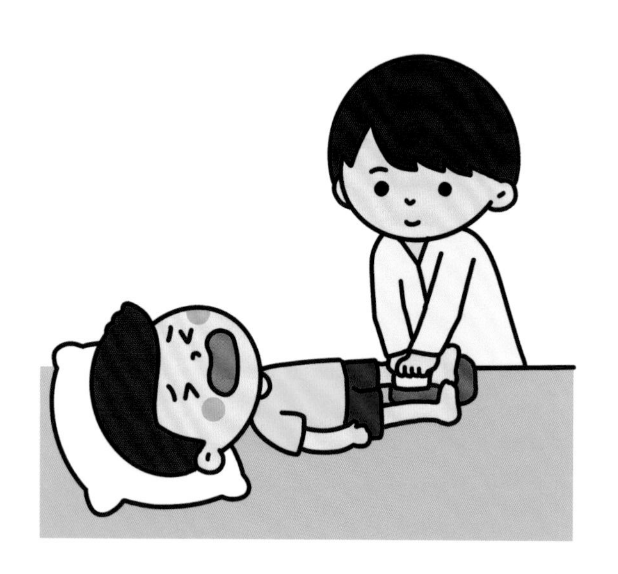

止血：先止血再治療，以免失血過多引致虛脫、休克，甚至死亡。

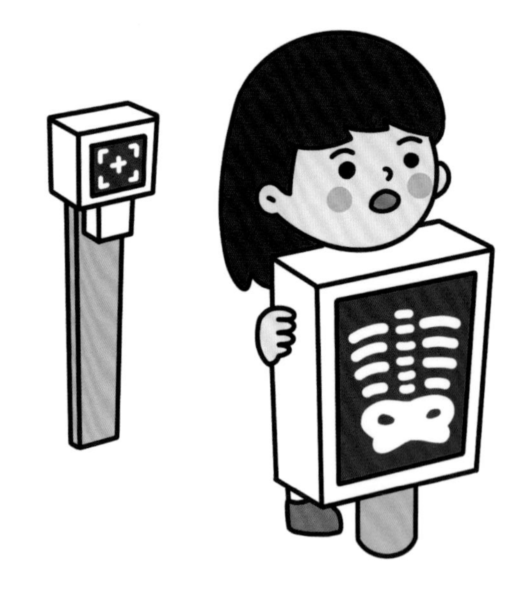

X 光掃描：懷疑骨折或頭部受傷，醫生會安排照 X 光作詳細檢查。

打石膏：發現骨折，醫生會在傷處打石膏，固定受傷的地方，可以加快復原。

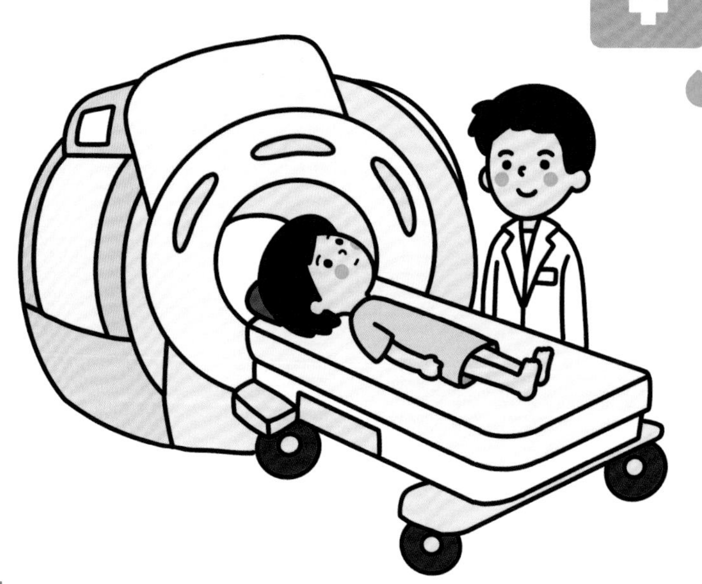

磁力共振：磁力共振利用電磁力、無線電波和精密的電腦科技，透視人體內部組織，為患者提供更準確的檢查。但過程中可能會有噪音。

縫合傷口：如果皮膚出現撕裂的傷口，醫生會把傷口兩邊縫合起來，防止被細菌感染，傷口癒合也會比較快。

小朋友，在醫院裏，如果感到恐懼、擔心，或者有任何不舒服，都要跟爸爸媽媽說啊！他們一定會有辦法讓我們放鬆心情的。

家長小錦囊

當孩子受傷了，家長要……

1. 保持冷靜

家長一定要保持冷靜，一方面避免影響孩子的情緒，另一方面要鎮定才可以有條不紊地協助孩子處理傷口，以及安排送往就醫的種種事項。

2. 識別孩子受傷的狀況和程度

首先，觀察孩子的傷口是否有流血或有異物。

其次，嘗試引導孩子形容疼痛的情況，以了解他的傷勢，包括：

A. 位置：請孩子將疼痛的位置説出來或指出來。

B. 種類：用孩子明白的詞彙，引導他描述出疼痛的感覺。例如像是被針刺、被火燒等等。

C. 程度：讓孩子用數字來表達疼痛的程度。例如告訴孩子，0 分代表不痛，10 分代表最痛，那麼疼痛程度有幾分？或者用「輕微痛」、「很痛」、「超級痛」這些詞彙。

如果情況嚴重，就要立即送院或往診所就醫。

3. 安排傷童就醫的注意事項

頭部受傷：如果孩子從高處墮下、有嚴重頭外傷、昏迷或嘔吐等情況，應該立刻召救護車，迅速送院。等候救護車期間，可以止血（例如用紗布緊壓出血點 10 分鐘）、保護頸骨、留意清醒程度。

骨折：如果孩子受到過猛烈撞擊、懷疑有體內出血等情況的話，應該立刻召救護車，迅速送院。除非現場有危險，否則應避免移動傷童，防止傷勢惡化。

扭傷：如果是扭傷而沒有伴隨骨折，可在前往就醫前進行初步急救護理。首先讓傷童以舒適的姿勢休息。接着為他冰敷患處，然後用厚軟墊包裹受傷部位，再以繃帶固定。把傷處抬高至略高於心臟位置，可減少腫脹。

有關兒童外傷的處理方法，詳情可掃描右面二維碼瀏覽醫務衞生局的資料：兒童健康攻略——意外及急救篇。

4. 安撫傷童

除了保持鎮定外，也要一直陪在傷童身邊，安撫他，紓緩他緊張、恐懼、擔心的情緒。也要向他詳細講解去看醫生和到醫院的流程、會遇到的人物，以及一些可能需要做的事項和檢查，讓傷童有心理準備，減少恐懼。